FELGINES M.J. 93

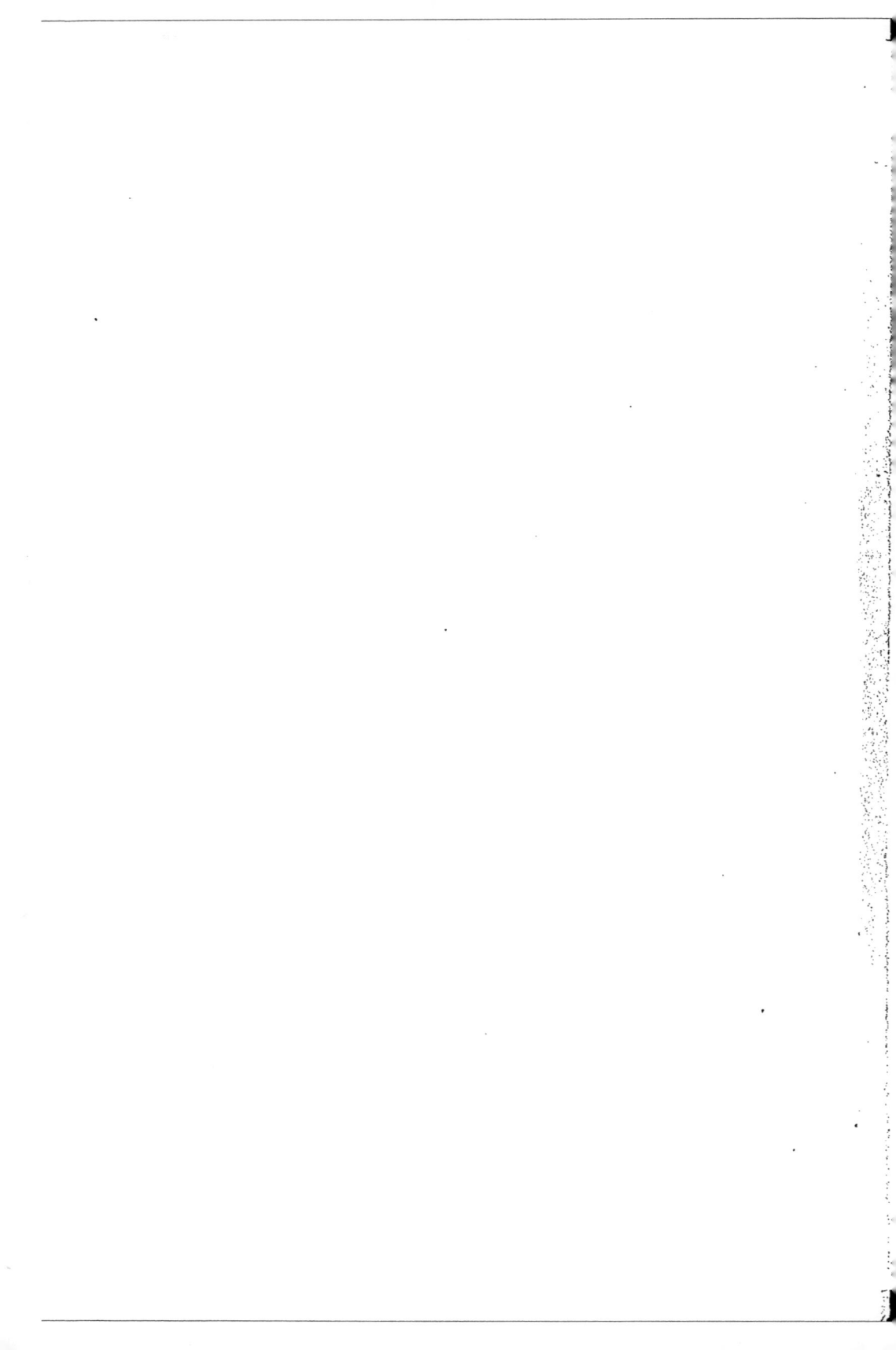

PROSPECTUS.

L'avis préliminaire en tête de cet ouvrage explique assez le but, l'intention et les motifs qui l'ont fait entreprendre : il ne nous reste donc qu'à rendre compte de l'exécution.

Le format adopté est celui in-8°., caractères *cicéro*, petite justification.

Le nombre d'exemplaires tirés est de, 500 pap. grand raisin superfin, et 100 pap. dit nom-de-jésus vélin superfin, dont 50 exemplaires auront les figures *coloriées*.

12 Livraisons (*), publiées tous les 1ers. de chaque mois régulièrement et consécutivement à commencer du 1er. Prairial prochain, compléteront irrévocablement l'œuvre.

Chaque livraison sera composée d'une feuille de texte et de six planches. Cette composition cependant sera susceptible de varier, tant pour le texte que pour les planches, suivant que la matière l'exigera en plus, et jamais en moins.

Cette variation, inévitable par les développemens imprévus dans lesquels on sera souvent entraîné, ne permet pas d'asseoir un prix fixe à chaque livraison. Pour donner toutefois un aperçu approximatif du prix de la collection, nous donnons pour base invariable du prix de nos livraisons, de moins en plus, savoir :

La livraison de papier grand raisin superfin. . . 6^f. à 9^f.

—Papier nom-de-jésus vélin superfin. . . . 12^f. à 18^f.

—idem, figures *coloriées*. . . . . 18^f. à 24^f.

L'exécution de cet ouvrage est confiée à des artistes qui ont déjà bien mérité des amateurs des beaux-arts : MM. TASSAERT et LEMIRE, pour les planches ; et, pour le texte, M. GAULT de ST. GERMAIN, avantageusement connu par la publication du Léonard de Vinci, et de l'œuvre du Poussin.

Enfin rien ne sera négligé dans la partie typographique et dans le choix des papiers, pour rendre cet ouvrage digne du Public éclairé auquel nous l'offrons.

(*) *On ne payera le prix de la livraison qu'en la recevant.*

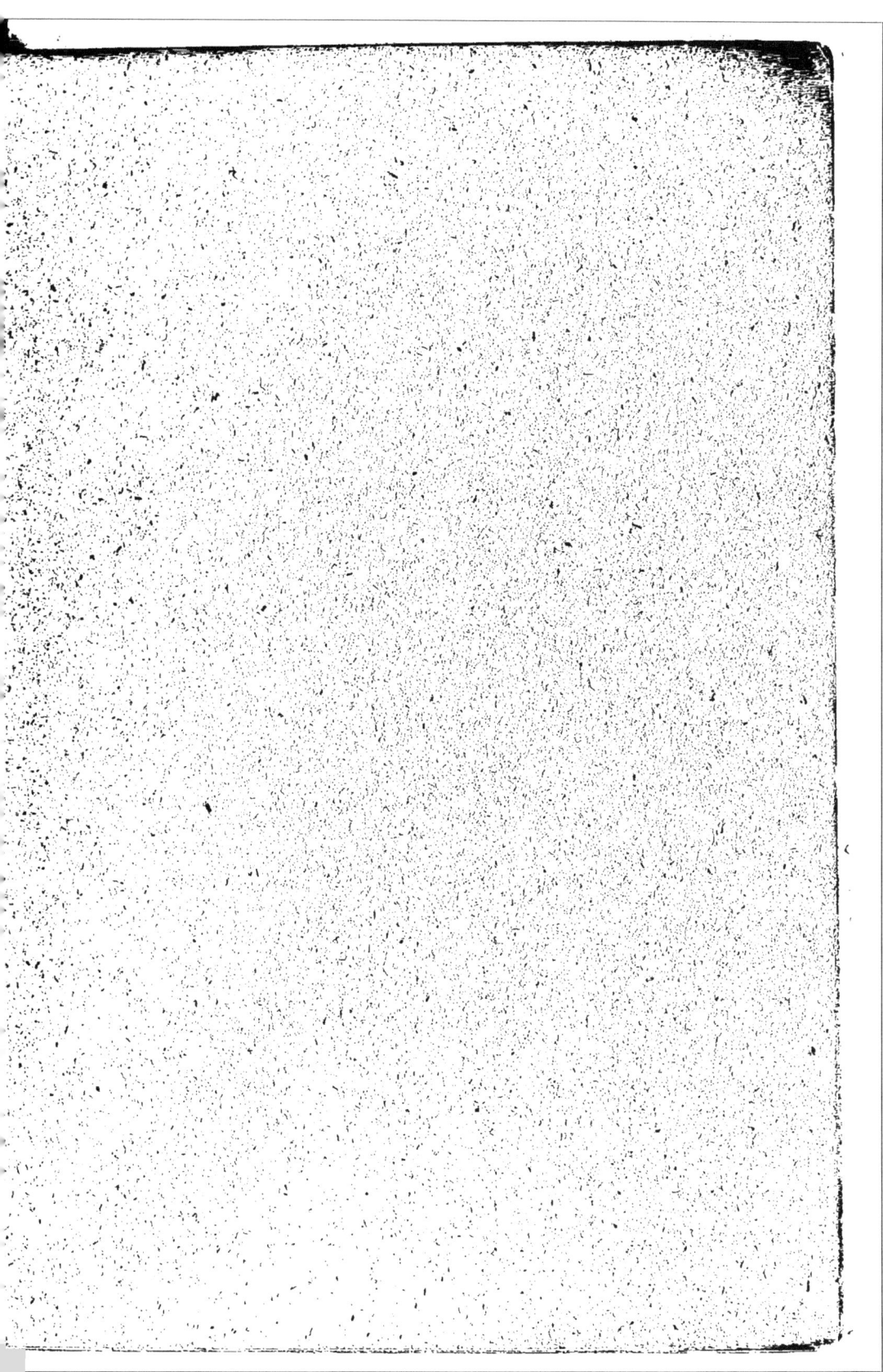

V

39971

Gault de St Germain

Des Passions etc. sous le rapport

des beaux-arts

Livraison 1—3 (Pag. 1—64 &
Pl. 1—18)

1804

manque les planches 5. 7. 8. 9

DES PASSIONS

ET

DE LEUR EXPRESSION GÉNÉRALE.

114

ON SOUSCRIT

Chez
{
TASSAERT, rue Hyacinthe, N°. 688 ;
DUFOUR, rue des Mathurins, près celle de Sorbonne ;
PERLET, rue de Tournon, N°. 1133 ;
DELANCE et LESUEUR, rue de la Harpe, N°. 133.
}

DES PASSIONS

ET

DE LEUR EXPRESSION GÉNÉRALE

ET PARTICULIÈRE

SOUS LE RAPPORT DES BEAUX-ARTS,

PAR P. M. GAULT DE Sᵗ. GERMAIN,

CI-DEVANT PENSIONNAIRE DU ROI DE POLOGNE ;

AVEC FIGURES,

D'APRÈS LES PLUS CÉLÈBRES ARTISTES, ANCIENS ET MODERNES
QUI ONT EXCELLÉ DANS L'EXPRESSION,

DESSINÉES ET GRAVÉES

PAR MM. LEMIRE ET TASSAERT.

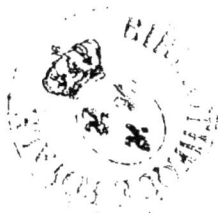

PARIS,

DE L'IMPRIMERIE DE DELANCE ET LESUEUR,

M. DCCC. IV.

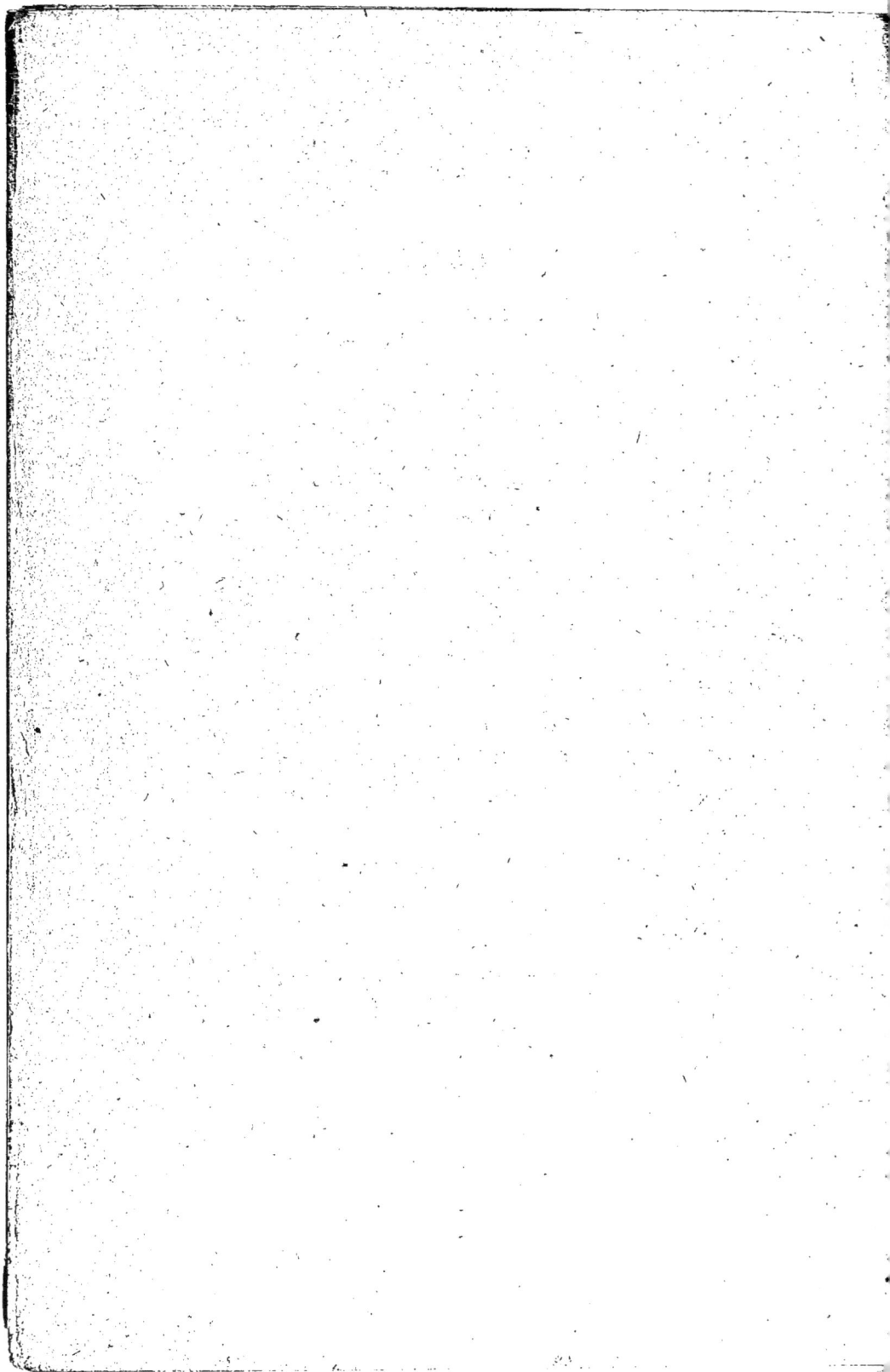

AVIS PRÉLIMINAIRE.

LA plupart des auteurs qui ont traité les Passions ont eu plus en vue la philosophie et la physique que les Beaux-Arts ; les uns, pour les soumettre à la raison, les autres, pour secourir la Nature lorsqu'elle en est tourmentée. Quant aux auteurs de l'Antiquité, ils sont si inférieurs aux monumens de leurs temps, dans tout ce qu'ils en ont écrit, qu'ils ne sont que des sources très-imparfaites : plus entraînés par l'imagination que guidés par la recherche des vérités évidentes, leurs observations portent presque toujours sur des idées fausses, souvent liées à leur religion ou à leurs mœurs.

Le langage de l'enthousiasme est celui des Passions ; il tient toute sa force de la Nature et du Génie ; il est celui des

poëtes, des peintres et des sculpteurs;
et leurs productions sont des modèles
où l'on en trouve les plus beaux développemens.

Les Scholastiques du 15 et 16ᵉ. siècle,
en traitant les passions, en ont fait
une science occulte. Descartes entre-
prit d'en débrouiller l'obscurité, mais
tout ce qu'en a écrit ce philosophe
ne regarde que les causes intérieures;
les Arts n'en peuvent tirer aucun pro-
fit. Il a cependant posé une base pour
suivre la série des Passions d'après un
principe si vrai, qu'il semble que son
opinion doit prévaloir. Voici comment
il s'explique. « Le nombre des Passions qui sont simples et primitives
n'est pas fort grand, car, en faisant
une revue sur toutes celles que j'ai dé-
nombrées, on peut aisément remarquer
qu'il n'y en a que six qui soient telles,
à savoir : l'Admiration, l'Amour, la
Haine, le Désir, la Joie, et la Tristesse;
et que toutes les autres sont composées

de quelques-unes de ces six, ou bien en sont des espèces. » C'est d'après cette sage observation bien mûrie dans la tête du philosophe, que j'ai classé les passions.

L'effet extérieur de leur expression est l'objet essentiel pour l'étude des Beaux-Arts; mais les passions se multiplient autant que la diversité des imaginations; c'est pourquoi on ne peut arriver à des définitions exactes sur leur expression particulière, que d'après des principes généraux. Charles Le Brun, premier peintre de Louis XIV, dont les travaux immortels sont autant de preuves irrévocables des belles connoissances qu'il avoit de l'homme, en a fait un Traité pour les Conférences de l'Académie royale de peinture. Il a suivi les opinions de Descartes sur leurs causes et leurs effets internes; il a même suivi sa méthode de les classer; mais ses copistes n'y ont fait aucune attention, ce qui jette de la confusion dans son ouvrage. Les figures en sont le principal objet; elles expriment dans la plus grande perfection le caractère de chaque Passion, et elles en ont fait toute la célébrité. Les observations dont elles sont accompagnées devoient nécessairement faire suite au Traité sur la physionomie, dont ce célèbre peintre s'occupoit quand la mort l'a surpris. Quelques fragmens assez défectueux, restés à la postérité, font cependant regretter qu'un ouvrage aussi important pour les Beaux-Arts n'ait point été fini, et que ce qui en a paru ait été aussi mal recueilli et si peu soigné dans l'exécution.

Il est essentiel pour la mémoire de Le Brun, d'expliquer par quelle voie ces fragmens sont arrivés à la connoissance du public. La plupart de ceux qui assistoient à ses conférences, pour n'en point perdre le fruit, s'empressoient d'extraire ses discours, et en faisoient des recueils pour leur usage : c'est sur plusieurs de ces manuscrits, mal rédigés, incorrects et tronqués partout, que Bernard Picart publia pour la première fois le Traité des Passions, en 1713, vingt-un ans après la mort de Le Brun. Ce petit ouvrage, très - rare aujourd'hui, est précieux pour les figures ; mais le style n'en est pas supportable, d'ailleurs très-mal imprimé et rempli de fautes typographiques.

Le système général sur l'expression des passions de l'âme, que l'on retrouve dans ses figures, feroit un beau monument pour l'instruction, s'il étoit possible de suivre l'Artiste dans ses recherches et observations ; mais c'est un hommage à rendre à la mémoire de ce grand homme d'oser le tenter.

Ma sensibilité et mon respect pour la mémoire des hommes célèbres qui ont jeté de si grandes lumières sur cet objet intéressant, sont les motifs qui m'ont déterminé à recueillir leur opinion et en composer un nouveau Traité des

Passions pour l'étude des Arts. On rencontre des difficultés sans nombre quand on veut atteindre des vérités évidentes dans une science abstruse, mais elles s'accumulent bien davantage quand on se livre à l'arbitraire : c'est pourquoi j'ai adopté une méthode, comme la voie la plus sûre pour lier les idées, être clair, précis et mieux entendu.

Il est encore bien difficile de ne rien hasarder sur une matière où les opinions se multiplient autant que les idées ; mais pour m'écarter le moins possible de la vérité, j'ai suivi, autant qu'il a été en mon pouvoir, l'ordre naturel et primitif qu'indique la source des diverses affections du cœur humain.

INTRODUCTION.

L'EXPRESSION est une naïve et naturelle ressemblance de tous les objets que l'Artiste veut représenter. Elle sert à faire distinguer la nature des corps ; elle en accuse les mouvemens, en trace le caractère ; elle anime et peint la pensée. Elle est dans la couleur, dans le dessin, dans l'assemblage des figures. L'expression est le feu et la vie des Beaux-Arts ; un peintre, un poëte, un orateur sans expression, sont des corps sans âme.

La nécessité de l'expression conduit à l'étude des Passions ; ce qui suppose la connoissance de l'homme. Pour les définir, il faut remonter à leur source. L'âme réside dans le cerveau ; elle est le centre des sens, qui rapportent tout à son entendement. Sa communication directe avec le cœur, semble s'expliquer dans l'effet que cet organe ressent des impressions qu'elle reçoit. Cette vertu sensitive et intellectuelle de l'âme et du cœur, qu'on peut appeler le principe du moral, est indivisible. Mais cette faculté de l'âme qui la porte sans cesse vers ce qui lui plaît, en surmontant les difficultés qu'elle rencontre à la poursuite du bien comme à la fuite du mal, se divise en deux appétits, qu'on appelle, *Concupiscible*, et *Irascible*. De cette faculté attractive et répulsive propre et particulière à son essence, découlent toutes les passions. Le visage est comme la toile où elles viennent toutes se peindre. Le changement de couleur, le tremblement, la langueur, les ris, les larmes, la défaillance, les gémissemens et les soupirs, sont les signes extérieurs de leur latitude : l'œil surtout les déclare presque toutes; les hommes les plus stupides les comprennent au regard. Les ressorts de cet organe sont aux ordres de l'âme, il est aussi l'agent de ses impressions et de sa volonté. L'empire de l'œil est si grand dans les passions, qu'il attire, repousse, électrise, avertit, commande et force l'attention. S'il est le miroir de l'âme, il en est aussi l'orateur. Sans l'œil il n'y a plus d'expression. Elles sont toutes éteintes sur le visage de l'aveugle; il n'en montre qu'une seule, qui est la tristesse. Les vices de conformation dans l'organe de la vue altèrent même l'expression; elle se montre toujours équivoque par les yeux louches, comme la plus belle pensée par les sons inarticulés du bègue.

Les diverses altérations que reçoit le corps pendant que les passions agitent l'âme, se multiplient à l'infini, et la cause qui les excite, les fortifie, et même les fixe, dépend souvent de la disposition des parties nobles ou du dérangement d'équilibre dans les humeurs et le sang. La haine, la jalousie, la colère, la vengeance s'enracinent souvent dans les cœurs par des mouvemens si notables et tellement dépendans de la nature, qu'il semble n'être plus au pouvoir de ceux qui en sont dominés d'en détruire le venin. Les passions néanmoins dépendent de l'action de l'âme : les organes qui les mettent en mouvement n'agissent qu'indirectement, et la volonté vaincue par l'empire de l'habitude, est l'effet de cette même action réitérée vers toutes celles que la nature contracte. Chaque homme a une passion dominante, dit Oxenstirn, et c'est toujours la plus difficile à corriger.

Il y a peu de passions, et presque point qui

ne soient composées de plusieurs autres ; mais
il s'en trouve aussi dont l'assemblage en rend
équivoque l'expression, lorsqu'elles sont douces et violentes, telles que l'estime, l'émulation, l'amour-propre, l'amitié. Les passions
se réunissent toutes dans les remords, et aucune ne domine ; elles se passent en accès violens ou irréguliers. Cette réunion est mons-
trueuse sur le visage d'un joueur, d'un tyran,
d'un homme atroce et sanguinaire. On peut
encore remarquer que les fréquens accès des
passions violentes décomposent les traits, et
que souvent il en reste des empreintes sur la
physionomie.

Dans l'estime, l'émulation, l'amitié, et l'a-
mour-propre, l'expression est mixte et presque
insensible, si le sujet qui les cause ne fait point
scène.

Les passions ont un caractère propre et
particulier lorsque la tête, plus que toutes les
autres parties du corps, contribue à l'expression des sentimens du cœur. Les membres
expriment bien certaines passions ; les gestes
et le mouvement persuadent et les rendent
plus pathétiques ; mais la tête doit toutes les

exprimer d'abord : les autres parties du corps
ne font que lui obéir, et lui servent d'armes
et de secours pour remuer ou commander.
Elle a ses mouvemens particuliers qui contri-
buent au caractère spécial de chaque passion.
Elle se baisse dans l'humilité, elle s'élève dans
l'arrogance et la fierté, elle s'abat sur les
épaules dans la langueur, elle se roidit et
reste fixe dans l'opiniâtreté. Les sentimens
moraux de la pudeur, de l'admiration, de
l'indignation, du doute, du dédain, s'expli-
quent sur le visage sans le secours du corps.
Quintilien divise les passions en sentimens
moraux et pathétiques. Le pathétique commande, et est fondé sur les plus violentes. Le
moral persuade, et est fondé sur celles qui ins-
pirent la douceur, la tendresse et l'humanité.

Pour arriver à la définition des passions,
sous le rapport des Beaux-Arts, nous les divi-
serons en deux classes, dans l'ordre qui suit.
Les *Passions primitives,* et les *Passions composées.* Les passions primitives sont simples,
naturelles, nullement précédées du jugement,
causées par les seules sensations du corps et
facultés sensitives de l'âme. Les passions composées participent des passions primitives ;

elles ont chacune un caractère particulier,
dont la force et l'expression naissent du mélange de plusieurs autres. Elles réunissent les
passions morales, les passions pathétiques et
les plus farouches. Dans le nombre, il s'en
trouve sans expression particulière, et d'autres qui ne sont qu'un assemblage irrégulier
de plusieurs, qu'on pourroit appeler passions
anomales *.

Les sentimens qui sont les régulateurs des
passions seront ensuite rangés par nuances
dans l'ordre que leur indique la nature.

Le nombre des passions seroit indéfini, si
on entreprenoit de les analyser toutes : c'est
un grand ouvrage qu'on ne finira jamais, dont
les galeries, le théâtre et les bibliothèques
offrent des ébauches sublimes pour la raison,
les mœurs et les arts, et des modèles parfaits
lorsqu'on songe aux difficultés de les égaler.

* M. Watelet, à la suite de son poëme sur l'art de
peindre, a fait quelques réflexions sur l'expression, qui
sont très-judicieuses. Il a le premier essayé de ranger
les passions par nuances. Cette légère esquisse promet-
toit un ouvrage aussi séduisant qu'utile, si l'auteur l'eut
entrepris comme il se le proposoit.

LES
SIX PASSIONS
PRIMITIVES.

L'ADMIRATION.	LE DÉSIR.
L'AMOUR.	LA JOIE.
LA HAINE.	LA TRISTESSE.

B

PLANCHE I.

L'ADMIRATION, d'après la famille de Darius de Le Brun.

PLANCHE II.

L'AMOUR, d'après l'antique, désigné l'Amour grec.

PLANCHE III.

La JOIE, d'après Sainte Anne, dans une Sainte Famille de Léonard de Vinci.

PLANCHE IV.

La HAINE, d'après un Pharisien, dans la femme adultère du Poussin.

PLANCHE V.

Le DÉSIR, d'après une vision de Saint Bruno du Guerchin.

PLANCHE VI.

La TRISTESSE, d'après Creuze, dans l'embrâsement de Troie du Dominiquin.

L'ADMIRATION.

L'Admiration simple est une subite surprise de l'âme, qui la porte à considérer avec attention tout ce qui lui semble aussi rare qu'extraordinaire ; cette passion n'ayant le bien ni le mal pour objet, mais seulement la connoissance des choses qui l'excitent, elle a plus de rapport avec les organes qui servent à la perception qu'avec le cœur. La circulation du sang n'en recevant que de foibles atteintes, les traits de la physionomie et son coloris n'éprouvent point les changemens qui ont assez ordinairement lieu dans la plupart des autres passions.

L'Admiration simple doit donc être regardée comme la plus tempérée de toutes les passions, si les objets qui la causent ne produisent sur l'âme que des sensations amenées graduellement ; mais son expression croît si la surprise propre et particulière à cette passion est accompagnée de l'étonnement. C'est cette espèce d'admiration que le Tasse, l'Arioste, Le Brun, tracent comme un état d'immobilité, haussant le front et le sourcil.

L'Admiration simple, pour être excitée, n'a besoin ni de l'ordre ni du jugement de la raison. Tous les hommes sont susceptibles d'admirer les choses d'une haute estime, tels que les grandes actions, la beauté, la générosité, la valeur, le courage, la bonté, l'esprit, les merveilles de la nature et celles du génie.

L'œil est spécial dans cette passion; il doit être très-ouvert et fixe. Le Brun dit que le visage n'en reçoit que fort peu de changement dans toutes ses parties, et que s'il y en a, il n'est que dans l'élévation du sourcil : alors il doit avoir les deux côtés égaux, l'œil doit être très-ouvert, sans altération, ainsi que toutes les autres parties du visage. Cette passion ne produit qu'une suspension de mouvement, pour donner à l'âme le temps de se pénétrer de l'objet qui l'intéresse.

L'AMOUR.

L'Amour est un sentiment qui porte l'âme vers tout ce qui lui paroît aimable ; il est exclusif, et plus fort que le désir, qui se rapporte à l'avenir : il est un consentement par lequel on se considère comme ne faisant qu'une partie de l'objet qu'on aime ou dont on désire la possession.

Cette passion commande la nature entière ; tout cède à son empire. La résistance contre ses lois, gravées dans tous les cœurs, cause des phénomènes sur les organes et une grande variété dans son expression, qui caractérise le trouble ou la félicité qu'elle apporte dans l'âme.

L'Amour est simple ou composé, et se divise en plusieurs espèces, qui émanent de quatre caractères généraux. L'Amour de bienveillance, l'Amour contemplatif, l'Amour de dévouement, et l'Amour de concupiscence. Une constante générosité de soins et d'intérêt pour l'objet aimé, distingue le premier : les bons pères de famille, les bons époux, les amans fidèles et les amis sincères, en offrent sans cesse l'expression. L'amour contemplatif est dans l'action de l'esprit ; il est l'effet d'une profonde méditation, qui reporte constamment ou élève la pensée vers l'objet qui intéresse l'âme. Un entier abandon de soi-même, pour se consacrer aux volontés de la Divinité, de son prince et de sa patrie, est l'amour de dévouement ; les plus beaux développemens de son expression peuvent se rencontrer dans toutes les classes. Le motif de l'amour de concupiscence consiste uniquement dans la jouissance de soi-même, ou dans l'inclination d'une nature corrompue, qui ne désire que les plaisirs illicites : telles sont par exemple les passions outrées de l'ambitieux, de l'avare, de l'intempérant et du brutal, qui ne suivent ordinairement que la doctrine de l'égoïsme.

Les différens transports de l'âme agitée des passions de l'amour varient les traits de la physionomie. Dans l'amour simple « les mouvemens sont doux, le front uni, les sourcils un peu élevés du côté de la prunelle, la tête inclinée vers l'objet qui cause l'amour, les yeux médiocrement ouverts, le blanc de l'œil vif, éclatant, la prunelle doucement tournée vers l'objet, un peu étincelante et élevée. Le nez ne reçoit aucun changement, de même que toutes les parties du visage.[1] » ; le coloris

1. Le Brun.

de l'amour est vif, particulièrement sur les
joues. Les vapeurs qui s'élèvent du cœur
mouillent les lèvres et les colorent. Dans les
désirs, les yeux sont vifs, animés, étince-
lans, la bouche entr'ouverte, le coloris très-
ardent. Dans l'épanouissement du cœur, les
yeux sont entr'ouverts et languissans, les paupières enflammées, les lèvres humides et vermeilles. L'extase ou l'abattement peignent
l'âme absente du corps dans les jouissances de
l'imagination ou dans les regrets de l'éloigne-
ment. L'amour malheureux et désespéré ré-
pand la paleur sur le visage et la langueur
dans les membres. Si cette passion se tourne
en délire, elle offre un égarement de situation
et un contraste continuel de transports, de
plaintes, de larmes, quelquefois de silence,
ou même d'insensibilité. Dans l'Antiquité, les
amans s'emparèrent de l'Élégie, consacrée
aux funérailles, pour pleurer cette privation
d'eux-mêmes dans les disgrâces de l'amour.
L'expression en est sublime dans ces vers.

La plaintive Élégie, en longs habits de deuil,
Sait, les cheveux épars, gémir sur un cercueil.
Elle peint des amans la joie et la tristesse,
Flatte, menace, irrite, appaise une maîtresse [1].

[1]. Art Poétique, Chant II.

LA HAINE.

La Haine simple est une émotion causée par les esprits, qui incitent l'âme à vouloir être séparée des objets qui se présentent à elle comme nuisibles. Cette passion, qui est directement opposée à l'amour, ne se divise point en autant d'espèces, parce que entre les maux dont on s'éloigne de volonté on ne remarque point tant de différence qu'entre les biens qui attachent et auxquels on est joint.

Les antipathies naturelles, l'aversion, la répugnance n'opèrent à l'extérieur que de foibles changemens; mais le ressentiment, l'animosité, la vengeance sont les grands mouvemens qui nourrissent la haine. Les humeurs, le sang et toutes les parties nobles en sont troublés dans leurs fonctions : l'inégalité du pouls, de la chaleur du corps, la mobilité de l'œil, de la figure et du coloris concourent à son expression. Ces sortes de haine ne s'enracinent ordinairement que dans les sujets dominés par un sang grossier, dont la circulation plus abondante par le foie, dans cette passion, entraîne au cerveau le fiel, qui entretient dans l'âme l'aigreur et l'amertume. Cette malheureuse passion, portée jusqu'à l'excès, trace sur la figure des marques de cruauté, surtout quand elle est discrète et réservée.

Il semble que la tristesse soit inséparable de la haine; les plus foibles en donnent toujours des signes.

La haine se montre sous un front ridé, l'œil vif, et la prunelle cachée sous les sourcils abattus et froncés, regardant de travers, d'un côté contraire à la situation du visage, et dans une agitation continuelle; les narines pâles, ouvertes, et retirées en arrière, les dents serrées; les lèvres pâles et livides, la supérieure excédant l'inférieure; assez ordinairement la bouche fermée, les coins retirés en arrière et fort abaissés, roidissant les muscles des mâchoires. Le coloris de la figure inégal et dominé de jaune.

Le Brun dit qu'on ne remarque dans cette passion rien de particulier qui diffère de la jalousie; et que les rapports qui existent entre elles viennent de ce que la jalousie engendre la haine.

LE DÉSIR.

La Passion du Désir est une agitation de l'âme, causée par les esprits, qui la disposent à vouloir, pour l'avenir, les choses qu'elle se figure lui être convenables: ce mouvement de volonté vers un bien qu'on n'a pas, tend aussi à la conservation de celui qu'on possède, ainsi qu'à l'absence du mal qu'on éprouve et de celui qu'on redoute pour l'avenir. Il résulte de cette conséquence, que le désir et la fuite sont deux émotions contraires qui suivent le même mouvement, puisque l'un est toujours excité par l'autre, et qu'ils agissent également et dans le même temps. On ne peut rechercher la gloire, les richesses et la santé, sans fuir l'oubli, la pauvreté et la maladie. Ainsi, l'âme ne pouvant s'occuper de son bonheur sans fuir les maux qui s'y opposent, tous les désirs naissent de l'agrément et de l'horreur.

Descartes observe que le désir agite le cœur plus violemment qu'aucune des autres passions, parce qu'il fournit au cerveau plus d'esprits, lesquels passant dans les muscles rendent tous les sens plus aigus, et toutes les parties du corps plus mobiles.

Les esprits moroses, toujours disposés à murmurer contre les plus belles institutions de la nature, en voulant châtier les mœurs, appellent le désir un tyran qui ne se lasse jamais de tourmenter l'homme. Mais le sage, qui n'envisage les passions modérées que comme la source de toutes les vertus, regarde le désir comme un des plus grands bienfaits du Créateur, le mouvement spécial qui élève l'homme à sa dignité, et le berceau des jouissances faites pour sa félicité.

Son expression, selon Le Brun, s'annonce par les sourcils pressés et avancés sur les yeux, qui doivent être ouverts, sans exagération ; la prunelle située au milieu de l'œil et pleine de feu, les narines plus serrées du côté des yeux ; la bouche plus ouverte que dans l'amour simple, les coins retirés en arrière, la langue sur le bord des lèvres, le coloris aussi ardent que dans l'amour.

LA JOIE.

Cette passion simple est un mouvement vif et une agréable émotion de l'âme, lorsqu'elle jouit d'un bien qu'elle considère comme le sien propre, ou d'un bien qui la flatte et l'excite au plaisir. Elle est intellectuelle lorsqu'elle vient à l'âme par la seule action de l'âme, c'est-à-dire, des jouissances qu'elle se procure par son entendement.

La joie tient l'âme en paix ; elle épanouit le cœur, elle inspire le génie, « elle rend sensible aux agrémens de la vie et la prolonge ; elle est chérie des hommes, et adoucit leurs peines. » Elle fut la première passion qui leur inspira les danses et les chants, pour célébrer avec un transport mesuré leur bonheur et leur reconnoissance. Elle se développe avec les mêmes attraits dans tous les âges de la vie. La disposition des organes favorise plus ou moins son expression. Les esprits égaux, la libre circulation du sang, tranquillisent l'âme et, en fortifiant les organes du cerveau, y entretiennent la gaieté.

Son expression se remarque dans le front,

qui est serein ; le sourcil sans mouvement,
élevé par le milieu ; l'œil médiocrement ouvert
et riant ; la prunelle vive , éclatante ; les narines tant soit peu ouvertes ; les coins de la
bouche doucement élevés ; le teint vif et les
joues vermeilles.

Descartes observe que la joie fait rougir,
parce qu'elle fait ouvrir les écluses du cœur,
et qu'alors le sang coulant avec plus de vitesse
dans toutes les veines , sa chaleur et sa subti-
lité enflent médiocrement toutes les parties
du visage.

LA TRISTESSE.

La Tristesse est un malaise de l'esprit, suscité par l'affliction, le déplaisir, la douleur, et quelquefois par une mélancolie naturelle. L'esprit frappé de quelques impressions fâcheuses, présentes, passées ou à venir, est une tristesse intellectuelle, « très-souvent, dit Oxenstirn, l'effet d'une imagination gâtée par l'amour-propre, qui n'apercevant plus qu'une fause représentation des objets, les reçoit comme des accidens dignes de son affliction ». Cette maladie de l'âme interdit les fonctions ordinaires, elle ralentit la circulation du sang, peint la pâleur sur le visage, énerve les membres et tue le courage; cette passion maligne, froide, épuise l'humeur radicale, éteint la chaleur naturelle et flétrit le cœur.

Les divers mouvemens dont l'âme est agitée dans la tristesse, sont autant de situations bien différentes dans la nature, et bien essentielles à observer pour l'éloquence de l'Art.

La nature, livrée en proie à ses maux, présente l'expression d'une affliction profonde et la plus pathétique de la tristesse. Si elle n'est point suscitée par l'action des douleurs corporelles ou intellectuelles, mais par la surprise inopinée d'un événement qui prive l'âme de ses affections ou la frappe d'un spectacle touchant, elle n'est point accompagnée des mêmes symptômes. Les traits du visage n'en sont que foiblement altérés; la nature n'ayant point encore éprouvé les effets de sa malignité, est plus consternée qu'abattue. Si les larmes viennent à son secours, le soulagement qu'elle en reçoit entretient les forces.

Lorsque l'âme est atteinte de cette passion par des événemens qui lui sont étrangers ou qui ne peuvent lui être nuisibles, souvent elle trouve une certaine jouissance à s'en laisser émouvoir. Le peuple court en foule aux supplices, aux naufrages, il entoure le malheur, il se rend témoin des événemens funestes; « les belles tragédies font goûter un plaisir délicieux : les maux d'autrui nous attachent l'esprit : la pitié est un ravissement, une extase : les larmes que nous versons, au sentiment d'Homère, sont une espèce de volupté [1]. »

1. Esprit des Nations.

Dans l'expression de la tristesse, dit Le Brun, les sourcils sont moins élevés du côté des joues que vers le milieu du front. Les prunelles sont troubles, le blanc de l'œil jaune, les paupières abattues et gonflées, le tour des yeux livides, les narines tirant en bas, la bouche entr'ouverte ; la tête nonchalamment panchée sur une épaule ; toute la couleur du visage plombée, et les lèvres décolorées.

Voici comme l'infortuné mari de Joconde montre les divers changemens de l'expression de la tristesse, sous la plume de l'Arioste.

> E la facia, che dianzi era si bella,
> Si cangia si, che più non sembra quella.
> Par che gl'occhi si ascondan ne la testa,
> Cresciato il naso par nel viso scarno ;
> De la beltà si poca li ne resta,
> Che ne potrà sar paragone indarno [1].

[1]. Chant 28.

RÉFLEXIONS GÉNÉRALES

SUR L'ACTION,

L'EXPRESSION ET L'USAGE

DES PASSIONS,

DANS LES BEAUX-ARTS.

DE L'USAGE DES PASSIONS.

L'Amour-propre, le Tempérament, l'Opinion, sont les mobiles des passions ; ce qui conduit à deux sortes d'analyses, la Physique et la Morale. Mais je m'écarterois de mon but en parcourant un champ si vaste ; c'est à la morale à faire remarquer les propriétés des passions pour les convertir en vertus, qui ne leur soient

C

point cependant contraires, car on ne sauroit déraciner dans l'homme ce qui le fait homme, ni traiter ses passions comme des soldats toujours rebelles à leurs chefs, plus disposés à choquer la raison qu'à combattre pour son autorité, sans confondre les mouvemens de l'appétit sensitif avec les déréglemens de la volonté. Libre de tout préjugé de secte, on ne peut considérer l'homme au-dessus de tous les événemens et de tous les maux, insensible à force de vertu surnaturelle, que comme un fantôme pour la politique, la morale et les arts; il ne peut figurer ainsi que dans les rêveries de l'esprit humain [1]. Heureusement pour l'harmonie de l'univers, l'espèce en est rare dans la nature. Quelques réflexions, souvent indispensables pour la justesse de l'expression, suffiront dans le cours de cet ouvrage pour faire connoître l'avantage ou le danger des passions, et démontrer que quand elles fortifient le cœur et l'esprit par l'appas de l'estime, de la considération, ou de la gloire, elles font ressortir toutes les vertus utiles à la Société.

---

1 *Voyez* la République de Platon, la Doctrine des Stoïciens et le Contrat Social de J.-J. Rousseau.

« Admirons, dit le Père *Brumoy*, les talens
et l'importance des passions! que seroit-on
sans elles ? le laboureur oisif laisseroit le soc
inutile ; le pilote auroit horreur des dangers ;
le riche insensible armeroit son cœur d'un
bouclier de fer ; le vulgaire impuissant péri-
roit ; les mères , oui, les tendres mères oublie-
roient leur tendresse et leurs enfans. Mais,
grâce aux Passions, les cœurs savent être sensibles malgré eux. La mère s'attendrit sur
ses enfans ; sa tendresse dévore tout ; sa douleur même lui plaît, elle est maternelle. Les
noms de père, d'époux, de frère, de femme,
d'ami ne sont plus de vains noms. Ce ne sont
plus des fables, que l'humanité et la bonne foi ;
elles sont connues des plus barbares nations,
qui, sensibles aux mêmes revers que nous,
témoignent ou feignent de témoigner que l'humanité ne leur est point étrangère , qu'elles
sont prêtes à nous secourir dans nos malheurs ,
et que, du moins, elles ne veulent pas nuire à
ce qui ne leur nuit pas. Otez les Passions ! que
deviennent les arts ? tout l'univers retombe
dans l'antique chaos. Rendez-les à l'homme !
les villes et les temples renaissent de leurs
ruines, la vertu même revient. Vertu, née
pour habiter avec les passions! Vertu, qui

sait prendre d'elles ses plus brillantes cou-
leurs ! La tendresse dans les âmes tendres , la
vigueur dans les fortes ; la douceur dans les
âmes guerrières ; l'égalité si précieuse dans
tous, et cette espèce d'immutabilité qui la met
au-dessus des circonstances de l'humeur ».

S. Augustin avoue même que les passions
sont les degrés pour arriver à cette haute
félicité qui consiste en la possession du sou-
verain bien.

De la manière dont on doit considérer les Passions dans les Beaux-Arts, pour traiter le Sublime.

« Les Passions, dit Nicole, sont les seuls orateurs de la nature dont les règles sont infaillibles ; et l'homme le plus simple, qui a de la passion, persuade mieux que le plus éloquent qui n'en a point. » Cette pensée juste et vraie s'adresse à tous les Beaux-Arts ; elle s'applique à tous les systèmes de langage qu'adopte l'esprit humain, lorsqu'il veut faire entendre les accens de toutes les affections du cœur. Elle fait sentir que les transports de l'esprit étant communs au génie créateur, ainsi qu'à ceux dont il captive l'attention, la pensée ou la matière, sans l'émotion, ne rapporte aux sens que des sons monotones ou des actions sans vie qui glacent tous les sentimens.

Pour espérer de toucher et de plaire, il faut que les actions soient les interprètes du cœur

« Mais il faut être touchés soi-mêmes les premiers, avant d'essayer de toucher les autres; et pour se sentir émus, il faut se former des visions, des images des choses absentes, comme si effectivement elles étoient devant nos yeux; et celui qui concevra plus fortement ces images, exprimera aussi les passions avec plus de véhémence [1]. » Comment donc expliquer ce don d'émouvoir qui est plus dans la nature que dans l'art; ce pathétique des passions d'où dépendent la force et l'énergie des impressions de l'âme? Ce talent sublime n'est autre chose que l'enthousiasme des passions, ou la peinture vive des divers mouvemens qui agitent l'âme.

Il est une manière d'exprimer et de sentir, qui fait disparoître l'art, qui force l'illusion à s'emparer des cœurs jusqu'à la persuasion, qui fait partager aux spectateurs les mouvemens qui animent le poëte, le peintre et l'orateur, et les rapprochent des scènes dont ils sont pour ainsi dire eux-mêmes acteurs. Ce talent rare, qui découle d'une extrême sensibilité, ne peut se transmettre par

---

[1] Quintilien.

aucune méthode. « Il semble cependant, dit
Quintilien, que cette partie si belle et si
grande n'est pas inaccessible, et qu'on peut
trouver un chemin qui y conduise assez faci-
lement : c'est de considérer la nature, et de
l'imiter ; car les spectateurs ne sont émus par
l'art, que lorsque l'imitation leur rappelle ce
qu'ils sont accoutumés de voir et de sentir.
Néanmoins il est indubitable que les mouvemens de l'âme qui sont étudiés par l'art, ne sont
jamais si naturels que ceux qui se développent
dans la chaleur d'une véritable passion. » Les
préceptes d'une science aussi précieuse ne sont
pourtant point infructueux, car l'esprit pé-
nétrant, toujours en communication avec les
hommes qui ont pensé et approfondi le cœur
humain, en reçoit de fortes impulsions : n'of-
friroient-ils encore que des matériaux pour
l'histoire de l'homme, combien doivent être
chers ceux que rassemble l'artiste éclairé qui
l'étudie sans cesse !

Charles Le Brun, qui figure dans le beau
siècle de Louis XIV parmi les grands hommes
qui ont presque tout fait et tout achevé dans
les Lettres et les Arts, a laissé à la Postérité
une savante dissertation sur l'expression ; es-

sayons de renouer ses pensées sur les excellentes figures qu'il a tracées de sa main [1].

---

[1] Nous avons fait un choix des figures de Le Brun, au *simple trait*, telles qu'elles ont été publiées par Bernard Picart. *Voyez l'ordre de ces figures*, page 44.

On peut voir dans mon Avis préliminaire les motifs qui m'ont empêché de suivre le texte qui les accompagne.

Les Passions s'annoncent par l'Action.

DÉFINITION DE L'ACTION.

Tout ce qui cause à l'âme de la passion s'exprime par l'action ; et comme la plupart des passions de l'âme produisent des actions corporelles, il est nécessaire, il est indispensable-de bien connoître toutes les parties du corps qui les expriment. Ce qui conduit à définir l'action et ses causes.

L'action n'a lieu que par l'opération des agens qui causent un changement dans les muscles et dans la circulation des liqueurs et du sang ; et quoique les diverses préparations et fabriques de tous ces agens semblent inutiles pour expliquer le sentiment, ils ont néanmoins tant d'influence sur le mouvement, qu'on ne peut en perdre de vue les principes généraux.

Le cœur est le principal organe de la circulation, et par conséquent du mouvement. Il reçoit le sang de toutes les parties du corps et le renvoie de même. « Le cœur, suivant Descartes, contient un feu sans lumière qui raréfie et forme les esprits subtils qui s'élèvent au cerveau », où ils sont toujours abondamment entretenus et renvoyés du cerveau dans les nerfs et les muscles, pour les fortifier selon le besoin qu'exigent les fonctions auxquelles ils sont appelés par la nature ou l'empire de la volonté. Ainsi les parties qui agissent le plus, recevant aussi plus de matières subtiles, sont plus fortes et plus nourries ; de même, celles qui agissent peu, en recevant aussi moins, sont plus foibles et moins prononcées.

En supposant que le mouvement s'exerce par la volonté, ou qu'il en soit indépendant, rien n'est cependant remué sans le secours d'une autre force agissante ; et cette puissance motrice peut elle-même se diviser en deux moteurs, dont l'un est dans le principe de vie, et l'autre dans l'intelligence ; ainsi toutes les parties du corps se meuvent continuellement sans que l'âme y prenne aucune part, lorsque rien extérieurement n'y apporte de change- ment. Mais l'action des corps extérieurs qui excitent dans l'âme des sensations nouvelles, produit ce mouvement de volonté, cette ac- tion dont le moteur est dans l'âme, et qui de- vient le principe de toutes les passions.

Quoique l'âme soit jointe à toutes les parties

du corps, il y a néanmoins diverses opinions touchant le lieu où elle exerce plus particulièrement ses fonctions; les uns la placent dans la glande pinéale, située au milieu du cerveau, parce qu'ils regardent cette partie, qui est unique, comme le centre où viennent se réunir en un même son, et en une seule image, toutes les impressions doubles, d'un même objet, que reçoivent les doubles organes. D'autres la placent au cœur, parce que cet organe ressent aussi vivement et aussi promptement les impressions des corps extérieurs que le cerveau. Plusieurs causes majeures doivent faire adopter l'opinion que l'âme est placée dans le cerveau; mais une des principales pour notre objet, c'est que le cœur ne prend pas une part également active dans toutes les passions.

Nous avons déjà dit que, selon la Philosophie, toutes les passions dérivent des deux appétits qui divisent la partie sensitive de l'âme; les passions simples dérivent du *Concupiscible*, et les plus farouches de *l'Irascible*.

Cette division est extrêmement essentielle, avant d'entrer en matière sur les parties du corps qui concourent le plus spécialement à les exprimer.

CARACTÈRES de Le Brun, dont l'explication fait le sujet
du paragraphe suivant.

PLANCHES.

Des Actions corporelles qui expriment les Passions de
l'âme , suivant le système de Le Brun.

S'il est vrai que l'âme exerce immédiatement
ses fonctions dans le cerveau , on peut dire que
le visage est la partie du corps où elle exprime
plus particulièrement ce qu'elle ressent. L'action de fuir annonce la peur ; les membres
roidis, les points fermés annoncent la colère ;
beaucoup d'autres passions s'expriment encore
par des actions corporelles ; mais le visage les
exprime toutes. Le mouvement du sourcil surtout est très-remarquable ; la prunelle par son
feu y concourt aussi puissamment ; mais le
sourcil, dans deux mouvemens principaux et
qui lui sont particuliers, explique plus positi-
vement la nature de l'agitation. La bouche et le
nez ont aussi beaucoup de part à l'expression ;
mais on pourra voir dans la suite qu'ils suivent
plus généralement les mouvemens du cœur.
Les Anciens ont fait du nez le siége de la colère et de la moquerie ; l'ensemble de la figure

du Satyre confirme cette dernière opinion : *Disce, sed ira cadat naso, rugosaque sanna* [1]; et ailleurs : *Eum subdolæ irrisioni dicaverunt* [2].

Ce qui prouve que les mouvemens du sourcil ont un rapport direct avec les deux appétits qui divisent la partie sensitive de l'âme, c'est qu'à mesure que les passions changent de nature, les sourcils changent de forme. Ils n'ont aucun mouvement dans la tranquillité [3]; on peut juger de leurs positions naturelles. Ils deviennent un peu plus convexes dans l'admiration simple [4], et suivent un mouvement égal, uniforme et doux. Mais, dans l'étonnement [5], ils sont composés; et si l'étonnement est mêlé de frayeur [6], le mouvement est plus prononcé.

C'est dans l'expression des passions pathétiques que les sourcils agissent avec plus de violence; tous les mouvemens sont alors composés par le mélange de plusieurs causes [7]; ils prennent une forme et un caractère aigu dans

---

1 Perse.
2 Pline.
3 Voyez *Pl.* VII, *fig.* A.
4 Voyez *Pl.* VII, *fig.* B.
5 Voyez *Pl.* VII, *fig.* C.
6 Voyez *Pl.* VII, *fig.* D.
7 Voyez *Pl.* VIII, *fig.* E.

l'extrême douleur corporelle [1] et dans les douleurs aiguës de corps et d'esprit [2].

L'abattement ou l'élévation sont les deux principaux mouvemens du sourcil, en observant cependant qu'il a deux sortes d'élévation ; l'une qui exprime l'agrément, telle que la joie, et l'autre l'abattement du cœur ou la tristesse. Dans la joie [3], les sourcils s'élèvent, et la bouche en relevant doucement par les côtés achève la peinture de ce mouvement. Dans la tristesse [4], ils s'élèvent aussi, mais en baissant des côtés en ligne oblique, et les yeux et la la bouche semblent également suivre cette même inclinaison dans ses côtés ; mais la bouche relève du milieu ainsi que les yeux, vers le nez. Les sourcils relèvent encore dans les mouvemens de douleur [5] et dans les douleurs aiguës de corps et d'esprit [6] ; mais alors ils baissent du milieu et se rapprochent plus ou moins de l'œil, en suivant les degrés de douleur ou d'affliction.

---

1 Voyez *Pl.* VIII, *fig.* F.   5 Voyez *Pl.* IX, *fig.* K.
2 Voyez *Pl.* VIII, *fig.* G.   6 Voyez *Pl.* VIII, *fig.* G.
3 Voyez *Pl.* VIII, *fig.* H.   déjà citée.
4 Voyez *Pl.* IX, *fig.* I.

Toutes les parties se suivent dans le rire[1];
les sourcils s'abaissent vers le milieu du front;
le gonflement des joues rapetisse les yeux, les
relève des côtés, et baisse le nez sur la lèvre
supérieure; la bouche et les ailes du nez relèvent dans la même direction.

Les mouvemens du visage sont contraires,
et tout opposés dans le pleurer[2]; les sourcils
se rapprochent également des yeux comme
dans le rire, avec cette différence, que dans le
rire il est uniforme, et composé dans le pleurer. Il ne prononce cependant pas le caractère
aigu des douleurs de corps et d'esprit[3-4]; mais il
prend la même forme que dans les mouvemens
de haine[5], du côté des yeux, et relève toujours
en ondoyant jusqu'à leur extrémité; les yeux,
les joues et la bouche inclinent dans le même
sens; mais dans cette direction, l'inclinaison de la bouche, dans ses extrémités, n'est
pas si prononcée que celle des yeux et des
joues, parce qu'elle est retenue par les deux
lèvres qui se roidissent et se resserrent par le
milieu, en se rapprochant du nez et du menton.

---

1 Voyez *Pl.* IX, *fig.* L.
2 Voyez *Pl.* IX, *fig.* M.

3-4 Voyez *Pl.* VIII,
   fig. F. et *fig.* G.
5 Voyez *Pl.* X, *fig.* P.

Lorsque le cœur se roidit en mouvemens violens contre tout ce qui l'afflige, le visage exprime les passions les plus farouches, du désespoir mêlé de fureur [1], de la fureur mêlée de rage [2], et de la haine mêlée de cruauté [3]. Dans ces mouvemens violens, les sourcils ne se rapprochent point des yeux en angle aigu, ils s'élargissent au contraire en cédant aux muscles du front, qui les forcent à couvrir les points lacrymaux : alors la prunelle ne suivant plus sa direction ordinaire, semble s'égarer dans l'orbite. Tous les traits du visage, dans ces divers mouvemens, se rapprochent avec force autour des yeux; dans ces passions, l'expression de la bouche et du nez prononce un caractère particulier d'aigreur ; ce qui prouve, comme il a déjà été dit, que ces parties marquent plus particulièrement les mouvemens du cœur : dans les passions où il a plus de part, la bouche, qui en est le principal agent, les exprime dans trois mouvemens principaux : dans les accens de la douleur, elle baisse des côtés [4];

---

1 Voyez *Pl.* X, *fig.* O. 4 Voyez *Pl.* IX, *fig.* K.
2 Voyez *Pl.* X, *fig.* P.   déjà citée.
3 Voyez *Pl.* X, *fig.* Q.

D

dans les transports de la joie, elle relève [1], et
dans les mouvemens d'aversion ou de jalousie [2]
elle se pousse en avant, en relevant par le
milieu.

Ces principes généraux doivent s'appliquer
à toutes les passions. Les sentimens qui les di-
rigent et les modifient supposent un ordre de
la nature, qui émane des besoins physiques,
moraux ou factices, et sont les nuances qui
étendent et développent les facultés exclusives
de l'homme. Mais il se présente des difficultés
insurmontables lorsqu'on veut en suivre l'en-
chaînement dans l'ordre social; souvent elles
échappent aux recherches de l'observateur,
et bientôt on en négligeroit l'étude si elles n'é-
toient sans cesse rappelées par les productions
du génie qui réunissent l'approbation des siè-
cles. Et qu'est-ce que l'on peut voir de plus par-
fait que l'Antique ? Quelle Nation fut jamais
plus favorisée que les Grecs pour tout appren-
dre de la nature ? Si dans leurs jeux publics
et leurs institutions libres ils trouvoient des
avantages infinis pour observer les propor-

---

[1] Voyez *Pl.* VIII, *fig.* H.   [2] Voyez *Pl.* XI, *fig.* R.
déjà citée.   déjà citée.

tions et les grâces, les sensations y étoient aussi aperçues et gravées dans les esprits; il ne s'agissoit que du choix pour achever l'image de la beauté. La force essentielle de l'âme, sans cesse excitée par des sentimens agréables, jetoit le germe de cette élégante et morale imitation avec laquelle ils surpassèrent la nature. Animer l'intelligence sur le marbre étoit la gloire qu'ambitionnoient les statuaires, mais les passions farouches qui défigurent l'homme ne s'accordoient point avec le système de perfectibilité qui caractérisoit le génie national; aussi n'eurent-ils en vue que les affections les plus douces du cœur humain et les sensations les plus délicates. Ce rayon divin qui brille dans les statues grecques, éclairera toujours les nations qui se piqueront de goût.

Chez tous les peuples qui ont cultivé les **arts**, l'expression des passions de l'âme a de tout temps été considérée comme l'époque de leur splendeur, et la nullité dans les actions, celle de leur décadence; mais le climat, les mœurs et les usages ont une si grande influence sur la constitution physique de l'homme que ses organes en reçoivent une altération, qui lui fait perdre insensiblement l'expression des mouvemens naturels de son état primitif.

« Plus une Société sera nombreuse , dit
M. *Watelet*, plus la force et la variété de
l'expression doit s'affoiblir ; parce que l'ordre
et l'uniformité seront les principes d'où naîtra
ce qu'on appelle l'harmonie de la Société.

Cette harmonie si nécessaire y gagnera sans
doute , tandis que les Arts d'expression y per-
dront , parce qu'ils seront affectés peu à.peu
d'une monotonie qui leur ôtera les idées véri-
tables de la nature.

L'exemple, motif puissant qui influe sur les
actions des hommes, augmente de pouvoir et
d'autorité par l'augmentation du nombre ; et
plus une ville capitale est peuplée et sociable ,
plus on doit céder au penchant de s'imiter les
uns et les autres. »

Toutes ces réflexions feroient le désespoir
des artistes, et nuiroient aux progrès de l'esprit humain , si la nature pouvoit perdre ses
droits et sa franchise. Le voile des conven-
tions ne fait que les dérober aux regards ; mais
les arts en conservent l'idée simple et primi-
tive , et sont les plus solides fondemens sur
lesquels il reposeront éternellement.

DIVISIONS

DE

L'ADMIRATION.

Iᵉʳᵉ. Divᵒⁿ.

LA SURPRISE.
L'ÉTONNEMENT.

IIᵉ. Divᵒⁿ.

L'ESTIME.
LE MÉPRIS.
LE DÉDAIN.

IIIᵉ. Divᵒⁿ.

LA VÉNÉRATION
DIVINE.

LA VÉNÉRATION
HUMAINE.

E

PLANCHE XII.

La SURPRISE, d'après le Martyre de Saint-Protais de Le Sueur.

PLANCHE XIII.

L'ÉTONNEMENT, d'après la Messe de Saint-Martin du même.

PLANCHE XIV.

L'ESTIME, d'après le Jugement de Salomon du Poussin.

PLANCHE XV.

Le MÉPRIS, d'après le tableau du Guide, où David est représenté tenant la tête du géant Goliath.

PLANCHE XVI.

Le DÉDAIN, d'après l'Apollon Pythien.

PLANCHE XVII.

La VÉNÉRATION DIVINE, d'après l'Ange, dans le tableau de Léonard de Vinci représentant la Vierge et Sainte-Anne.

PLANCHE XVIII.

La VÉNÉRATION HUMAINE, d'après la Reine, dans l'Apothéose de Henri IV de Rubens.

LA SURPRISE.

La Surprise est un mouvement soudain qui est produit dans l'âme par quelque chose d'inattendu. Son effet est de toucher vivement les parties les plus sensibles du cerveau et d'augmenter singulièrement les mouvemens qu'elle y excite. Mais nous avons déjà dit dans l'Admiration, que l'émotion de la Surprise dépend de toute la force de l'action et de son caractère de nouveauté ; car les objets dont l'esprit reçoit de fréquentes agitations ne causent plus de surprise.

Dans les jouissances du sentiment et du goût elle fortifie les organes de l'entendement ; car l'admiration intellectuelle n'est qu'une longue surprise mêlée de respect et d'amour pour tout ce qui est grand et merveilleux. Elle diffère du simple étonnement, qui ne détermine pas toujours l'importance de l'objet qui en excite l'émotion. C'est ce qui a fait dire : « Qu'un homme d'esprit voit peu de choses

» dignes d'admiration, qu'un stupide n'admire
» rien, et qu'un sot trouve tout admirable ».

La satisfaction intérieure de soi-même, ou
le repentir déterminent l'action de la Surprise
et varient son expression, ainsi que le coloris
du visage. L'œil doit être très-ouvert et fixé
sur l'objet qui cause l'émotion ; la bouche entr'ouverte, et les sourcils légèrement froncés.

La Surprise fait rougir ou pâlir : dans tous
les cas, elle est toujours moins tempérée que
l'admiration simple, à laquelle elle est toujours jointe et si intimement unie, qu'elle n'est
excitée dans toutes les autres passions que
lorsqu'elle se trouve réunie avec la faculté qui
lui est propre et particulière.

L'ÉTONNEMENT.

L'Étonnement est une surprise inopinée, qui cause le trouble de l'admiration. Elle a tant de pouvoir sur les esprits, qu'elle les ramène tous vers l'objet qui fait impression, et les retient sur les organes les plus délicats de l'entendement, sans qu'ils puissent reprendre leur cours ordinaire. Cette impression violente affoiblit le cerveau, suspend les mouvemens du corps, et rend immobile. Cet état de stupéfaction interdit le jugement, et ne permet plus à l'âme d'acquérir une connoissance parfaite des objets qui l'arrêtent.

L'âme en suspens, dans l'étonnement intellectuel, produit les mêmes effets ; toute occupée de son objet, elle ne voit que ce qui la frappe. Cette espèce de délire, qui augmente la force ou l'énergie des choses dont elle est touchée, suspend également les mouvemens du corps.

En général, l'excès de cette passion nuit au moral comme au physique.

L'ESTIME.

A l'Admiration se joint encore l'Estime, qui prend sa source dans un discernement et un sens exquis, pour déterminer et apprécier la valeur du mérite, et le cas qu'on doit en faire dans ceux qui le possèdent. « Voilà le premier degré de l'Estime et le vrai principe de la considération, qui ne consulte ni le rang ni la dignité.

L'Estime diffère de l'amitié, en ce que son action est purement intellectuelle et presque toujours réciproque; car il est rare de n'être pas payé de retour lorsqu'on possède ce sentiment inappréciable. Elle diffère encore de l'amitié lorsqu'on la considère pour soi-même, en ce que l'on ne peut pas se promettre de gagner tous les cœurs; mais l'exemple nous prouve que l'on peut parvenir à commander l'estime de ses semblables.

Pour exprimer l'Estime, il faut diriger toutes les parties du visage sur l'objet qui fixe

l'attention ; alors les sourcils paroîtront légèrement avancés sur les yeux et pressés, sans
effort, du côté du nez, en s'élevant vers leurs
extrémités : l'œil fort ouvert, et la prunelle
élevée ; les veines et les muscles du front, surtout près des yeux, doivent être médiocrement gonflés ; les narines un peu abaissées ;
les joues foiblement enfoncées près des mâchoires ; la bouche peu entr'ouverte, les coins
en arrière et inclinés.

LE MÉPRIS.

Si l'Estime est un sentiment qui rapporte sans cesse à l'âme l'objet de son affection, comme étant d'une haute valeur, de même le Mépris, quoiqu'il soit une des nuances de l'aversion, n'en est pas moins une inclination de l'âme à considérer avec une sorte d'attention les vices ou la bassesse de l'objet qu'elle méprise. Ces deux émotions également excitées et entretenues par des mouvemens particuliers fortifient, jusqu'à la passion, dans le cerveau, de vives impressions des objets qui les causent. Ainsi l'inclination à observer la grandeur ou la petitesse des objets ayant, dans ses effets, les mêmes causes que celles qui excitent l'Admiration, l'Estime et le Mépris doivent en être regardés comme des espèces.

Suivant Le Brun, l'expression du Mépris s'annonce par les sourcils froncés, baissés du côté du nez, et relevés aux extrémités ; l'œil très-ouvert, et la prunelle au milieu ; les narines retirées en haut ; la bouche fermée, les coins abaissés, et la lèvre inférieure excédant la supérieure.

Descartes observe que le mouvement des esprits qui cause l'estime ou le mépris, est si manifeste, quand on rapporte ces deux passions à soi-même, qu'il change la mine, les gestes, la démarche, et généralement toutes les actions de ceux qui conçoivent une meilleure ou une plus mauvaise opinion d'eux-mêmes qu'à l'ordinaire.

LE DÉDAIN.

Le degré d'estime qu'on a de soi-même,
mis en comparaison avec le peu de cas que
l'on fait du mérite d'autrui, est toujours la
cause du Dédain. Dans les âmes fortes qui
s'élèvent au-dessus de la crainte, il est une
sorte de mépris des menaces et des tourmens
mêmes. Souvent ce sentiment est plus affecté
que vrai ; mais cela ne change rien à son expression. Que le Dédain soit exprimé par la
bonne opinion qu'on a de soi-même, ou par la
supériorité qu'on se connoît sur les autres, il
n'en est pas moins une fierté sans ménagement,
qui accable l'amour-propre de ceux qui en
reçoivent les regards.

Le front mollement froncé ; les sourcils légèrement rapprochés ; l'œil médiocrement ouvert, la prunelle de travers ; la bouche fermée,
la lèvre supérieure recouvrant l'inférieure ; le
cou redressé ; la tête toujours effacée : voilà
l'expression du Dédain.

LA VÉNÉRATION

DIVINE.

Lorsque l'action des objets sacrés inspire la Vénération, toutes les parties du visage doivent être profondément abaissées. Les sens extérieurs n'ayant aucune part dans ce sentiment d'oubli de soi-même, les yeux et la bouche doivent être presque fermés ; le coloris foible ; la lèvre supérieure excédant l'inférieure, les coins de la bouche foiblement relevés.

La physionomie doit exprimer la sérénité de l'âme, parce que cette contemplation intérieure n'inspire jamais rien de triste.

LA VÉNÉRATION

HUMAINE.

La Vénération naît aussi de l'Estime : c'est un sentiment d'admiration mêlé d'amour, de respect, et quelquefois, de crainte. C'est un hommage que l'on rend au rang et à la supériorité. Pour rendre son expression, qui indique la soumission de l'âme envers un objet qu'elle reconnoît au-dessus d'elle, la tête doit être inclinée, et tous les traits de la physionomie semblent s'abaisser ; les prunelles doivent être élevées sous les sourcils, la bouche entr'ouverte, et les coins plus retirés en arrière que dans l'Estime.

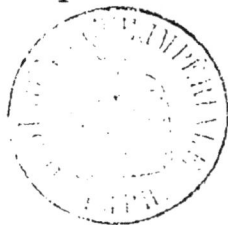

Pl. 1

Pl. II

Pl. III.

Pl. II

Pl. VI

Pl. VII.

A

B

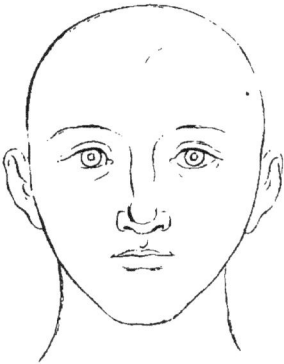

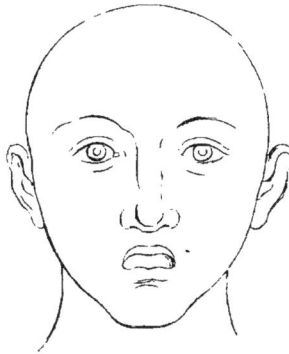

C

D

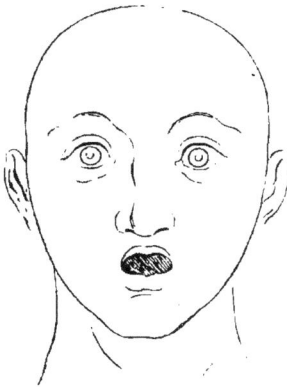

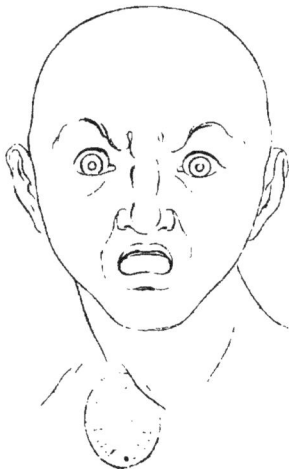

Pl. IX.

I

K

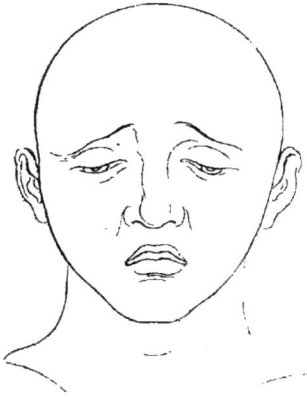

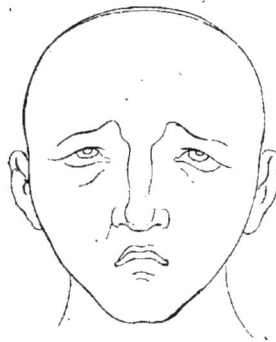

L

M

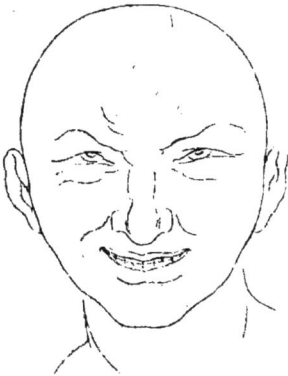

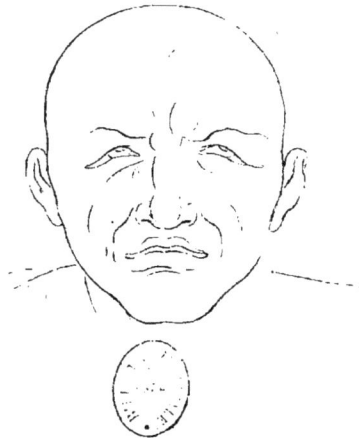

Pl. X.

N

O

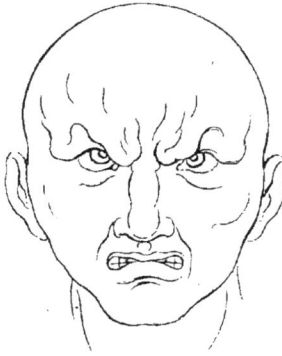

P

Q

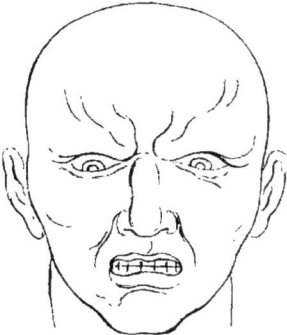

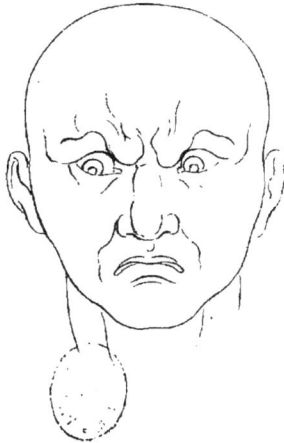

R

S

T

U

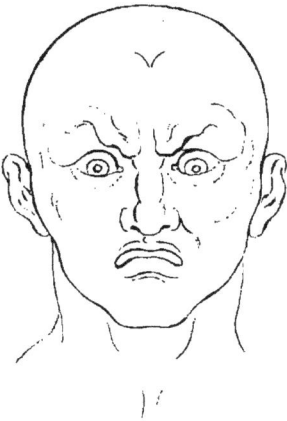

Pl. XII.

L'étonnement

Pl. XIV.

L'estime

Pl. XV.

Le Mépris.

Le Dédain .

Pl. XVII

La Vénération divine .

Pl. XVIII

La Vénération humaine